Psicología positiva

Aprende psicología para la vida

diaria y resuelve bloqueos;

Entiende y supera los miedos

entendiendo a las personas y

reconociendo la manipulación

Libro para principiantes

Psicología general: **Volumen 1**

índice de contenido

Introducción

¿Por qué la gente tiene tan diferentes personalidades, formas de pensar y comportamientos? Esta variedad radica en la forma de ver la vida. Todo lo que las personas hacen, lo hacen desde el principio. Tal pareciera que no tuvieran que esforzarse mucho para tener éxito en todas las áreas de la vida.

Otras personas en cambio toman la carta del perdedor en el juego de la vida, todo lo que intentan termina en un desastre incontrolable. Estas personas se encuentran en una situación en la cual sienten que a cada paso que den este resultará en un desastre que los espera en cada esquina. Tienen grandes temores y obstáculos que les impiden progresar y aseguran que la confianza en sí mismos y su autoestima es muy baja.

Los bebés recién nacidos heredan diferentes genes de sus padres. Pero ningún niño está predispuesto a tener una personalidad fuerte. Estas características aparecen en su desarrollo y están fuertemente influenciadas por el entorno en el que crecen los pequeños.

En primer lugar, los padres son los que eligen un estilo parental para transmitir valores y normas al niño.

Otro factor es el entorno en el que se desenvuelven, la escuela, la clase social y la forma de pensar de los seres humanos que influyen en el desarrollo del comportamiento y las formas de pensar. Las normas y valores religiosos no deben ser subestimados, las creencias religiosas constituyen un factor más que influye en las mujeres y los hombres y tienen una gran importancia en este contexto.

La política y las influencias sociales también determinan si una persona se convierte en un libre pensador o se adhiere a las convenciones sin cuestionarlas y buscan nuevas formas de proporcionar verdadera felicidad y satisfacción con él mismo y su propia vida. En el pasado, los patrones restringían el desarrollo porque manipulaban a las personas y les mostraban repetidamente que solo había un camino a seguir. Sin embargo, no se consideraba el hecho de que este camino podía ser completamente erróneo.

En el pasado, estas conductas podrían haber sido buenas y correctas, pero hoy en día ya no existen porque no solamente ha cambiado la distribución social de los roles, sino que los estilos de vida han cambiado. Actualmente, no únicamente hay blanco o negro, sino muchos otros colores. No solo son las conocidas escalas de grises, sino también colores brillantes, que iluminan y hacen a la gente feliz y las satisface.

.

En esta gama de colores han encontrado la felicidad en una o más decisiones y se aferran a ellas porque saben que es el camino correcto para ellos.

Haz tu mundo un poco más colorido, reconócete a ti mismo y a tu estatus. Libera los bloqueos, despídete de tus miedos, abre los ojos para reconocer la manipulación, intenta comprender a la gente, analiza las formas de pensar y comportarte y encuentra el camino correcto para una vida feliz y satisfactoria para ti mismo.

Si eso es lo que realmente quieres, no hay más excusas. Porque con la psicología positiva puedes detectar los obstáculos que te limitan. Cada persona es individual y cada uno tiene que decidir por sí mismo hacia dónde se dirige.

Pero con el conocimiento adecuado de los diferentes factores, que pueden influir para decidir si te atreves a tomar nuevos caminos y mirar más allá de tu propia nariz.

Reconoce y resuelve bloqueos

Los bloqueos mentales son pequeñas bestias insidiosas que se esconden en el subconsciente; puedes notar que hay algo que te está deteniendo, pero no puedes ver de dónde viene ese sentimiento y porqué está ahí. No hay forma de hacer visibles estas cosas insidiosas, ni con un ultrasonido, ni con un TAC o una máquina de rayos X. Por eso es tan difícil para la medicina y la ciencia hacer visibles y por lo tanto tangibles los bloqueos mentales.

Tratar y resolver algo intangible es una tarea importante, pero estos factores impiden hacerlo, los pequeños fantasmas hacen la vida innecesariamente difícil, requieren mucho esfuerzo y energía y causan estrés.

Se requiere fortalecer y ganar confianza en sí mismo, dar forma a tu propia vida y hacer de tu propia persona tu primera prioridad. Existe una forma de detectar y resolver los bloqueos.

Desde luego, esto no funciona como con El dolor físico, donde hay medicamentos y analgésicos especiales.

Para evitar el dolor mental, los humanos Artistas de desplazamiento real, pintan sus peores miedos con colores brillantes para no tener que mirar a sus malvados y brillantes ojos, pero esto es solo el comienzo de los problemas, que se convierten en un gran monstruo, un bloqueo mental.

¿Pero por qué existen los bloqueos mentales? Estos fantasmas son programas que se ejecutan en el subconsciente y evitan que pienses y actúes. Surgen en situaciones psíquicas excepcionales que no encajan en el proceso anterior. No son tan fáciles de procesar porque hay mucho dolor mental. El subconsciente genera comportamientos para suprimir este dolor y lidiar con él.

Deberás defenderte de esto haciendo frente a este dolor mental, empacando el tema de la tensión a través del esfuerzo y concentración, intenta con todas tus fuerzas soltar y disolver los bloqueos.

Si tienes un firme control sobre estos viciosos fantasmas y puedes evitarlos llevando una vida feliz y satisfactoria.

Bloqueos mentales

- Sabotear cada paso del camino.
- Pueden ser la causa de diferentes enfermedades.
- Llevan a ciertos problemas recurrentes y tienes la sensación de estar pisando siempre el mismo terreno.

Esto puede resolverse con una actitud positiva. Tal vez las experiencias dolorosas de tu infancia te llevaron a tener bloqueos mentales que, en la adolescencia, se presentaron en forma de complejos, depresiones, baja autoestima y confianza en sí mismo. Para resolver los bloqueos mentales, hay que tratar el tema "soltar".

Prepara todo para reiniciar dejándolo ir

Hay una variedad de métodos con los que puedes aprender a soltar para resolver bloqueos mentales. Estos métodos funcionan muy bien y también traen muchas más ventajas, si no existiera este gran bloqueo que te está molestando. No podrás encontrar una palanca adecuada para abrir esta cerradura y fortalecer tu confianza en ti mismo, solo la palanca correcta es la percepción de que tienes que soltar para disolver completamente el bloqueo mental y no llevar más lastre contigo. ¿Pero qué significa dejarlo ir?

"Dejar ir" no dice nada, pero sí significa que estás seguro, si reemplazas el bloqueo con un pensamiento positivo!"

Estarás libre de una situación estresante, un evento negativo que te causa estrés. Pero, ¿Cómo funciona eso?

Un pequeño ejemplo: Vas de camino al trabajo en un tren completo y no tienes más asientos. Estás en el pasillo con un montón de otras personas que también van de camino al trabajo.

De repente, el conductor tiene que hacer una parada de emergencia.

La persona que está detrás de ti pierde el equilibrio y te empuja hacia atrás con mucha fuerza, así que tienes problemas para detenerte. Tienes mucha ira y furia en ti. ¿Por qué no puede esta persona aguantar bien para evitar tal situación? Esta mala sensación crea estrés. Te giras para decirle a la persona lo que piensas y de repente la situación ha cambiado por completo. Porque antes de darte cuenta, ves a un hombre con gafas de sol y un palo de ciego en su brazo, el hombre lleva un brazalete amarillo con tres puntos negros. Ahora tus emociones cambian rápidamente, la insatisfacción y la ira son neutralizadas y reemplazadas por la comprensión y la compasión.

¿Qué causa este cambio de sentimientos?

Obtuviste una visión diferente de las cosas porque ya habías juzgado mal la situación y asumido la deshonestidad; la nueva situación te permite dejar de lado la ira, el enojo y el estrés y reemplazarlos por nuevos sentimientos sin ser consciente de ellos. Tu perspectiva ha cambiado. Para resolver los bloqueos mentales, hay que cambiar la visión de la situación respectiva o el evento desencadenante. Esto neutraliza la hormona del estrés y bloquea los sentimientos. Hay emociones más positivas. Sin embargo, no siempre es fácil cambiar de perspectiva y manifestar nuevas formas de pensar porque algunas lesiones tienen raíces muy profundas.

Es importante que reconozcas por qué reaccionas tan negativamente a ciertas situaciones, tal vez el bloqueo no tiene nada que ver con influencias externas, sino que se basa en el hecho de que está en tu propio camino y no puedes saltar sobre tu sombra.

Primero trata de averiguar la fuente del bloqueo mental. Por lo tanto, es de gran importancia rastrear las características especiales del bloqueo mental. ¿Estas pueden identificarse con los siguientes puntos?

- Cuando alguien se acerca a ti, el rubor se te sube a la cara.
- Si tienes que hablar delante de otras personas, no encuentras las palabras adecuadas.
- Cuando haces un examen, de repente tienes un ataque de nervios, aunque sabes que el material del examen está al revés.
- ¿Sientes que pierdes el control cuando las cosas no van como quieres?
- ¿Surgen repetidamente los tentadores recuerdos y pensamientos del subconsciente, que están ligados al pasado?

Si reconoces una o más de estas situaciones muy bien, lo más probable es que estés en un bloqueo mental.

Esto es exactamente lo que necesita ser resuelto. Desafortunadamente, no hay una poción mágica que elimine los bloqueos internos como por arte de magia. Debes ser activo y enfrentarte a estos sentimientos.

No intentes ignorar tus emociones. Cuando tomas una decisión, fijas el curso para el comienzo de una vida llena de satisfacción y felicidad. El primer paso es prepararse y hacer algo con los bloqueos. Tendrás éxito si estás convencido de que mereces una vida mejor y haces todo lo que esté a tu alcance para lograr este objetivo. Pero la decisión por sí sola no es suficiente. Tienes que hacer algo al respecto.

Enfrenta los desafíos

El camino hacia una nueva y mejor vida comienza con una decisión poderosa y energética. Esto es lo que no te gusta del dolor y haces todo lo que puedes para combatirlo. En este gran camino encontrarás pequeños e inmensos desafíos, trampas y trampas, Viento en contra y muchas más adversidades. Es importante que las afrontemos y nos ocupemos de ellas.

Algunos de los conocimientos que obtienes son muy dolorosos. Pero el dolor se hace más pequeño y finalmente se disuelve en placer, porque una vez que tengas el nuevo conocimiento, puedes manejarlo de manera muy diferente. Las siguientes instrucciones breves te ayudarán.

Información importante: *El manual es interesante para las personas que tienen problemas con otras personas y están buscando soluciones. No se aplica si se presentan experiencias traumáticas, tales como abuso de cualquier tipo. Para tales situaciones, se debe consultar a un terapeuta alternativo, médico o profesional para lograr eliminar el bloqueo con su apoyo.*

15

El método Naikan para el aquí y el ahora

Para ganar autoconocimiento, el método Naikan es un enfoque maravilloso en la psicología positiva. Traducido del japonés "nai" significa dentro y "kan" significa observar. Así que Naikan no es nada más que una inmersión en tu propio ser. Se exploran a sí mismos, aprenden a mirar dentro, a reconocer bloqueos y a disolverlos.

Hay cuatro preguntas esenciales que puedes utilizar para aclarar las relaciones con las personas con las que te relacionas o sobre temas específicos. La peculiaridad de las preguntas es que no las mires desde el punto de vista de la víctima o del atacante. Están tomadas desde una posición neutral. Esto te da una perspectiva diferente y neutral de los elementos que estás bloqueando. Con las siguientes cuatro preguntas puedes lograr cambiar tu vida.

Son ideales si tienes problemas de pareja, trabajo, sexualidad, dinero y otras cosas. No tienes que cambiar totalmente tu vida. El pasado pertenece al pasado y solo existe en el cerebro.

Es por eso que empiezas aquí y ahora. La vida significa bien para ti e implica bloqueos en los dones educativos.

Echa un vistazo al hermoso papel del regalo y mira qué regalo te está dando la vida ahora mismo, aunque a veces pueda terminar dolorosamente. El pasado estará a la orden del día más tarde. Si te aburres, puedes acercarte a la resolución de la relación con tus padres. Guarda esto para más tarde. En primer lugar, este es el "ahora", que debe tener la máxima prioridad. La vida activa ocurre en el presente.

Encuentra un refugio donde puedas pensar sin ser molestado. Ve dentro de ti mismo y busca una persona, una situación o eventos que te causen problemas y estrés. Esta tensión mental crea sentimientos negativos.

Lleva el bloqueo y el lápiz contigo a tu isla de la paz y recuerda cómo era esta situación crítica. Es importante que tengas una visión neutral de la situación o el evento y no caigas inmediatamente en sentimientos negativos de nuevo. Ilumina la situación o el evento con las siguientes preguntas:

- ➡ ¿Qué problemas y dificultades he causado a esta persona?
- ➡ ¿Qué he hecho por esta persona?
- ➡ ¿Qué ha hecho esta persona por mí en este momento?
- ➡ ¿Qué he aprendido de la situación? (¿Podría crecer a través del evento?)

Escribe todo lo que puedas pensar sobre la persona o la situación. Selecciona frases como:

- la persona (él/ella) fue irrespetuosa conmigo
- Me sentí mal porque...
- la persona dio la ocasión...
- No tengo la culpa

Entonces estarás en el papel de víctima muy rápidamente. Borra estas frases de tu vocabulario. Quieres probar una nueva y diferente forma de ver las cosas. Pero solo tendrás éxito si miras el otro lado de la moneda. Los problemas que te ha planteado esta persona caen completamente bajo la mesa porque parecen irrelevantes en el papel de víctima. La forma más fácil de ilustrar cómo funciona este sistema de preguntas es utilizar un ejemplo.

Ejemplo: Quieres *jugar al fútbol con tus hijos en el jardín y el garaje adyacente de tu vecino, que limita directamente con tu prado, es perfectamente adecuado como un muro de la meta para lanzar las bolas contra él. A tu vecino no le gusta y empieza a insultarte. Van inmediatamente a la oposición, se enfadan y tienen lista la respuesta correcta. Su vecino está tan molesto por esto, que amenaza con llamar a la policía. Es en este mismo momento cuando te das cuenta de que las agresiones de tu vecino han desencadenado agresiones en ti.*

Si piensas en esta situación con más detalle y vuelves a mirar las preguntas, descubrirás rápidamente por qué la situación puede empeorar de esta manera.

1. ¿Qué problemas le causaste al vecino?
Disparar pelotas a la pared del garaje de su vecino lo molestó. Se concentraba en su trabajo en el taller del garaje y era constantemente molestado por los tiros de gol. Este trastorno genera estrés, que se expresa en la ira.

2. ¿Qué hiciste por tu vecino?
Él lo había tomado en serio, lo escuchó, prestó atención a sus preocupaciones y le dio un tiempo precioso.

3. ¿Qué hizo tu vecino por ti durante ese tiempo?
Para dirigirse a ti, tuvo que reunir mucha energía y coraje. Además, él sacrificó tanto tiempo como tú.

4. ¿Qué aprendiste de la situación y cómo creciste con ella?
¡Una cosa es segura! Tu vecino, a través de su ira, ha creado una situación en la que tienes una profunda visión de ti mismo. Rápidamente te darás cuenta de que estás durmiendo con la agresión que no quieres

en absoluto. A través de esta realización el punto de vista cambia. Puedes aprender algo de cada situación y a través de cada una de ellas.

No importa cuál sea la situación, siempre hay un lado positivo, incluso si estás profundamente herido y decepcionado de otra persona.

Curar las cosas del pasado

Has resuelto los bloqueos actuales. Sin embargo, todavía hay obstáculos que impiden una vida feliz y satisfactoria. Ahora es el momento de mirar al pasado y verlo más de cerca.

Hay dos variantes disponibles para esto:

Variante 1: Vuelve a tu nacimiento y examina toda tu vida hasta ahora.

Opción 2: Capta una situación estresante o un evento que te viene a la mente espontáneamente.

Con la **primera variante, seguramente** no recordarás todo lo que te ha sucedido hasta ahora en tu vida. Porque la memoria entre 0 y 6 años se esconde en muchas partes detrás de velos opacos. Solo una cierta parte puede ser fácilmente recuperada. No embellezcas los hechos ni omitas ningún elemento. Usa solo los respectivos recuerdos que el cerebro proporciona en ese momento.

En el primer paso, mira la relación que tuviste con tu madre. ¿Fuiste amamantado de niño, te bañó y te cambió los pañales?

De niño, eras una criatura indefensa que dependía de la atención de tu madre. Tu madre hizo mucho más que satisfacer tus necesidades básicas. Pasaba las noches sentada en tu cama o te llevaba por el apartamento porque estabas llorando o enfermo. Hizo muchas cosas para que te desarrollaras y te convirtieras en la persona que eres hoy.

Cuando se mira a través de la vida hasta ahora, te debes enfocar en las cosas y circunstancias positivas, estas hacen que las cosas negativas sean cada vez más pequeñas. Intenta concentrarte en las cosas positivas una y otra vez durante al menos 21 días. Durante este tiempo tendrás una gran comprensión de tu cuidador, puedes dejarlo ir y sentirte más libre. Los errores cometidos por el cuidador se vuelven más perdonables. Los bloqueos asociados se disuelven gradualmente hasta que desaparecen por completo.

Consigue un cuaderno donde puedas anotar todo en una hora tranquila. Anota ciertos períodos de edad para que tus notas se mantengan manejables. Así que puedes elegir el período de 0 a 6 años, 7 a 12, 13 a 18, 19 a 24 años. En la primera semana, escribe todo lo que se te ocurra sobre las cuatro preguntas sobre tu madre.

En la segunda semana enfócate en tu padre y empieza el ciclo de nuevo desde el principio.

La **segunda variante se utiliza para las** situaciones de estrés en el presente y se emplea para los acontecimientos ocurridos recientemente. Aunque sea un gran desafío, deberías tratar de recordar los hechos. Si no recuerdas los hechos, intenta hablar con la persona que creó la situación incriminatoria.

Esta conversación puede resolver muchos malentendidos y eliminar los sentimientos negativos.

No te decepciones si la otra persona rechaza tu petición de conversación. Está bien y no debería ser un inconveniente. Recuerda siempre que no todo el mundo está dispuesto a cooperar. Tal vez el "no" le dará el impulso de hacer las cuatro preguntas de nuevo para obtener una nueva perspectiva de las cosas. Integra las preguntas como una parte integral de tu vida cotidiana. Te sorprenderás, porque con ello activarás las fuerzas de autocuración del alma.

Aprende a pensar positivamente

El pensamiento positivo no significa nada más que ver los aspectos positivos de cada situación y no dejar que los pensamientos negativos sean lo primero. El pensamiento positivo va de la mano de la confianza en ti mismo. Confiar en ti mismo te permite creer en tus propios éxitos, posibilidades, y te da la fuerza para tocar cosas que otros ven como irrealizables.

Echa un vistazo a todos los grandes éxitos de la historia. ¡Siempre hay un pensamiento positivo detrás de esto! Hubo una persona que creyó e intentó una posibilidad especial. El pensamiento positivo te da muchas ventajas:

- Concéntrate en las cosas buenas que te hacen feliz.
- Las cosas malas, los defectos y los peligros nos impiden avanzar. Las cosas positivas, por otro lado, dan un nuevo impulso para levantarse de nuevo y continuar. Te permiten ser capaz de actuar.
- El pensamiento positivo mantiene el cuerpo y la mente sanos. Aumenta tus poderes de autocuración para que puedas derrotar incluso las peores enfermedades.

- El pensamiento positivo y el optimismo asociado son los mejores requisitos para el éxito en las áreas profesionales y personales.
- El pensamiento positivo tiene una buena lección para ti. Tienes las riendas en tus manos y puedes influir en tus pensamientos hasta cierto punto. Esto te da oportunidades completamente nuevas e inimaginables.
- Una visión positiva de ti mismo y de tu éxito refuerza la autoestima y la confianza en ti mismo.
- Abre tu mente a nuevas ideas y así amplía tus horizontes.
- Tus órganos sensoriales y tu percepción funcionaban mucho mejor a través de una forma de pensar positiva. Con esto estás listo para abrir nuevos caminos y no cerrar los ojos.

Muchas personas desvían la mirada cuando se aborda el tema del "pensamiento positivo". La razón de esto es una suposición completamente errónea, de lo que significa una forma de pensar positiva. Creen que con un pensamiento positivo las cosas negativas simplemente se desvanecen. ¡Esto no es correcto! Es igualmente erróneo pensar positivamente que las personas son bailarines de ensueño. El optimismo es tan real como el pesimismo. No hay nada en este mundo que sea simplemente positivo.

Pero es importante saber que incluso las cosas negativas tienen un lado positivo. Y tú decides por ti mismo en qué lado quieres centrarte.

12 formas de pensar positivamente finalmente

1. ¡No prestes más atención a los pensamientos negativos!

Como ya sabes, los pensamientos negativos tienen un gran poder y son destructivos. Influyen en tu humor, alegría y coraje y te hacen sentir mal. No tiene sentido prestar atención a los pensamientos negativos. No te perderás, pero tendrás un peso totalmente diferente. Si una vez más llegas a la conclusión de que los autor reproches, los miedos y las preocupaciones se están extendiendo o que solo los pensamientos negativos están en primer plano, tira de la cuerda con energía y trata con otras cosas positivas que te distraen de los pensamientos negativos.

2. ¡Sonríe, sonríe!

Frecuentemente te encuentras con personas que van por la vida con la carga a cuestas y malhumorados y otras veces con otros que se encuentran con la vida con una sonrisa en su cara.

Las personas con una sonrisa en los labios son las más felices. Los investigadores han descubierto que la expresión facial positiva libera hormonas de la felicidad. El cerebro absorbe la información positiva transmitida por los músculos faciales. Sonreír satisface más, te relaja y cambia la perspectiva de las cosas, ya no ves las cosas solo de color negro, sino en muchas otras escalas de color.

3. *¡Busca lo bueno en las situaciones que se presenten!*

Cada moneda tiene dos caras, como en cada situación de la vida. Es por eso que aún puedes obtener algo bueno de cualquier mala experiencia si usas la interpretación correcta. Ver las cosas negativas como un reto y un impulso de aprendizaje. Si no puedes encontrar un lugar para estacionar frente a tu puerta, puedes enojarte mucho por ello o disfrutar de una pequeña caminata al aire libre después del trabajo. No siempre es fácil sacar algo positivo de las grandes situaciones existenciales. Los que acaban de sufrir una gran pérdida pueden hacer poco con el consejo "será bueno para algo".

Sin embargo, si has mirado más de cerca las pequeñas cosas y has descubierto el lado positivo, podrás hacerlo incluso con mayores desafíos.

4. *¡Escribe un diario sobre las cosas por las que estás agradecido!*

No todas las cosas son siempre tan malas como parecen al principio. Tienes la garantía que encontrarás muchas cosas por las que estarás agradecido. Pusiste esas cosas en tu diario de gratitud. Esto te permite concentrarte en las cosas positivas en lugar de prestar demasiada atención a las negativas. Escribe todas las cosas en un minuto de silencio por las que estás agradecido. No está mal si escribes lo mismo una y otra vez, es importante que te des cuenta. Con el tiempo, descubrirás más y más cosas positivas que encontrarás en tu vida.

5. *¡Utiliza una dosis deliberada de información negativa!*

Si enciendes la televisión y la radio o navegas por las redes sociales. Encontrarás informes de desastres en todas partes, así que rápidamente tendrás la impresión dc que no hay nada positivo en este mundo.

Por supuesto que hay violencia y desastre, pero también hay al menos millones de cosas buenas. No están en las noticias. Simplemente minimiza el flujo de mensajes negativos no viendo o escuchando noticias cada hora y solo ocasionalmente navegando por las redes sociales.

6. *¡Retirar a las personas negativas de tu entorno!*

Si tu actitud es positiva o negativa está estrechamente relacionada con la gente que te rodea. Cualquiera que esté constantemente rodeado de gente que solo se queja y gime, rápidamente adopta esta actitud. Al contrario, funciona de la misma manera. Cuando te rodeas de gente positiva, la actitud positiva se extiende en ti. Así que busca a los niños del sol y usa la psicología positiva.

7. *¡Salga del papel de víctima!*

Las personas que piensan positivamente también asumen la plena responsabilidad de sus propias vidas y no culpan a los demás.

Por eso debes despedirte de la idea de que eres la víctima y solo te pasan cosas malas. Tu mismo tienes una gran influencia en tu propia vida. Por eso nunca debes renunciar a esta importante responsabilidad. Tienes el timón en la mano y puedes determinar hacia dónde va tu nave. Una vez que hayas obtenido la comprensión con todas tus consecuencias, tendrás muchas oportunidades y posibilidades para aprovecharlas.

8. ¡Evita compararte con los demás!

¿Por qué el vecino tiene una casa más elegante y un coche más grande y por qué el colega tiene más éxito que yo? Con estas comparaciones crearás un sabor desagradable que definitivamente golpeará tu estómago. Será mejor que lo vea bien. Hay gente que está mucho peor que tú. Desafortunadamente, esto se hace muy raramente. La gente casi siempre se compara con personas que se ven mejor. ¡Detente! Si logras esto, tu actitud básica cambiará automáticamente y tu pensamiento será positivo.

9. ¡Usa el pensamiento positivo para tu éxito!

Incluso si no eres consciente de ello, ya has logrado muchas cosas. Escribe todos tus éxitos, incluso los más pequeños. Entre ellas se encuentran el certificado de finalización de la escuela secundaria, el máster, la licencia de conducir, la educación de los hijos, la mudanza a un apartamento más grande y elegante y no olvides las situaciones difíciles. Estoy seguro de que habrá muchas cosas que se unan. Sigue añadiendo nuevos éxitos a la lista, ya sea el grifo reparado o el entrenamiento de gimnasio que siempre se ha pospuesto. Escribe una lista diaria en la que registres tus logros. Es significativamente más eficaz que una lista de cosas que hacer.

10. ¡Mantén un ojo en tus necesidades y límites!

El pensamiento positivo es difícil cuando los demás están constantemente tratando de empujarse a sí mismos más allá de sus límites. Establece claramente tus límites y necesidades y siempre mantente atento a ellos. Este importante paso asegura que eres bueno para ti mismo. Este es el camino hacia la psicología positiva.

11. ¡Concéntrate en los pensamientos positivos después de levantarte!

Si empiezas el día con pensamientos positivos, todo es mucho más fácil para ti y nada puede quitarte del camino tan fácilmente. Para que tengas éxito, debes recordar una situación a primera hora de la mañana en la que estabas muy bien, donde estabas feliz y satisfecho. Intenta crear los mismos sentimientos de entonces y aprovechar al máximo este momento positivo.

12. ¡Lea libros que traten los temas de "felicidad" y "ser feliz"!

Los temas "pensamiento positivo" y "ser feliz" cubren mucho más que los puntos enumerados. Por lo tanto, debes tratar el tema muy intensamente. Con la literatura adecuada, tienes buenos ayudantes para ayudarte a cambiar tu pensamiento. Busca la literatura adecuada en la librería. Verás, cualquiera que realmente quiera, puede ser feliz.

Miedos: efectos de gran alcance en una vida feliz

Los miedos no son solo incriminatorios. Tienen un impacto de gran alcance en tu propio desarrollo, te restringen y te impiden sacar el máximo provecho de tu vida. Vienen en diferentes formas. Los expertos coinciden en que, dependiendo de la gravedad de la ansiedad, la calidad de vida está tan limitada que las personas pueden morir por estos sentimientos negativos. Tu subdivisión del miedo es a veces así:

1. Al principio de la lista está **el miedo**, donde el sentimiento se describe como una amenaza o peligro. Sirve para prevenir daños y evitar situaciones para que estos sentimientos de miedo no se produzcan en primer lugar.

2. Una forma intensificada es el miedo diario **que se manifiesta** en una sensación amenazadora que se produce a intervalos regulares cuando las situaciones se pueden descontrolar.

3. **El miedo existencial** es parte de la vida e incluye el miedo a la soledad, a la muerte, a la circuncisión de las libertades que te privan de la autodeterminación.

4. En la **ansiedad neurótica, por** ejemplo, hay miedo al rechazo. Se ve como una transición a una forma patológica de ansiedad. La definición de Sigmund Freud de este miedo dice que el hombre tiene miedo de un peligro que aún no conoce.

5. Una fobia **es** una forma de ansiedad en la que las cosas y situaciones concretas desencadenan ansiedad. Esto podría ser, por ejemplo, una habitación estrecha como un ascensor, una araña, una prueba o el miedo al fracaso social.

6. El pensamiento, el comportamiento y la acción compulsivos se conocen como **ansiedad compulsiva. Esto incluye, por** ejemplo, la obligación de lavar, la orden obligatoria o la obligación de limpiar.

7. Las situaciones que no se pueden procesar o prevenir psicológicamente causan miedos **traumáticos**. Entre ellas figuran los desastres naturales, los accidentes, la violencia masiva y la aparición repentina de enfermedades graves.
Estas ansiedades pueden seguir surgiendo, incluso décadas más tarde. Los expertos llaman a esto un flashback.

8. La persona afectada está acompañada de temores **generalizados** las 24 horas del día. Se despiertan con estos sentimientos por la

mañana y se acuestan con ellos por la noche. No hay ningún desencadenante reconocible para estos estados de ansiedad, o una serie de desencadenantes, por lo que la ansiedad está permanentemente presente.

9. **Los ataques de pánico aparecen de repente** de la nada. Por un lado, hay una razón real para esto y, por otro lado, pueden parecer completamente desprevenidos. Se basan en una reacción psicológica y física y normalmente no duran más de unos pocos minutos.

10. Miedos,

emparejado con un desorden de **personalidad**, se basan en el miedo a perder el ego, el yo y la identidad. Esto lleva a una pérdida de estabilidad.

Estas diez formas de ansiedad son solo algunos de los miedos que acompañan a las personas a lo largo de sus vidas. Para poder hacer algo con los miedos, primero debes averiguar en qué se basan.

¿Es el **miedo primario que** tienen todos los seres humanos? Es innato y te impide hacer cosas que solo te lastiman. El miedo es controlado por instinto. Es, por ejemplo, el miedo al dolor o a la muerte y garantiza la supervivencia.

¿O es un **miedo ficticio,** que es solo pura imaginación? Tu imaginación te muestra, en diferentes situaciones, imágenes terribles que se propagan en tus pensamientos. No tienen conexión con la realidad y son exactamente lo opuesto al miedo primordial, que tiene su justificación.

Si tus miedos son miedos ficticios, puedes hacer mucho por ti mismo para controlarlos. Porque los escenarios de horror solo ocurren en tu cabeza y no tienen que ocurrir en la vida real en absoluto. Tus pensamientos crean imágenes negativas y sentimientos de miedo. Imagina imágenes positivas del evento o situación y el miedo no lo capturará. Hay diferentes métodos para combatir los estados ficticios de ansiedad y para asegurar que los sentimientos de ansiedad desaparezcan.

7 métodos para combatir la ansiedad

Para que tengas éxito en la lucha contra el miedo, los 7 métodos comienzan donde el miedo surge, es decir, en tu cabeza.

1.) ¡Haz la prueba de realidad para luchar contra tu miedo!

En una inspección más cercana, la mayoría de los miedos son completamente exagerados si los miras más de cerca durante una revisión de la realidad. Pronto te darás cuenta de que nada malo funcionará realmente. Puedes hacer un chequeo de la realidad fácilmente preguntándote si la situación es realmente peligrosa y qué es lo peor que te puede pasar. Los siguientes ejemplos muestran que tus temores son infundados:

1.) Miedo a cometer un error: Cometer errores es humano. Además, siempre es el punto de vista lo que cuenta. Si cometió un error, puede corregirlo en cualquier momento.

*2.) **Miedo** al cambio:* El cambio no significa al mismo tiempo peligro, pero es una posibilidad de crecer más allá de uno mismo. A través de los cambios te desarrollas más y amplías tu horizonte.

3.) *Miedo a las cosas nuevas:* Solo puedes desarrollarte más si intentas cosas nuevas. Aunque el miedo parezca muy real, no sabes qué esperar de antemano. Si aprovechas la oportunidad, descubrirás más tarde que tus temores eran completamente erróneos. Por eso debes atreverte a probar cosas nuevas.

4.) *Miedo a mostrar los límites: Muestra a* tu contraparte con calma los límites que no puede cruzar y no tenga miedo de ello. La otra persona no te atacará ni te hará daño, y te darás cuenta muy rápidamente de que te has comportado de forma inadecuada.

5.) *Miedo a mostrar tu verdadera personalidad:* Nada malo pasará si muestras tu verdadero ser. Cada persona es individual y no necesita esconderse para ello. La gente a la que no le gusta lo real no pertenece a su entorno.

6.) *Miedo a hablar con otras personas:* Lo único que te puede pasar es el rechazo. Ser rechazado no es un gran sentimiento, pero muestra directamente que estas personas tienen poco respeto. No necesitas a gente como esa. Aclárate que es una sensación desagradable, pero no te hace más daño.

7.) *Miedo al fracaso:* Los fracasos y las fallas no son nada que te causen daño físico. Ver las derrotas como un reto para crecer y mejorar. Te abren nuevas perspectivas. Así que levántate y empieza de nuevo.

8.) Miedo *a estar solo*: Aunque sea terrible, no hay que tener miedo a estar solo. Ten en cuenta que estar solo es un placer, porque finalmente tienes tiempo para satisfacer tus propios deseos y reorganizar tu vida.

9.) Miedo, *lo que otros piensan de ti:* este miedo no solo es injustificado, sino completamente inútil. No debería importarte. Además, la mayoría de la gente tiene mucho que ver con ellos mismos y ciertamente no se preocupan por ti mentalmente.

10.) Miedo *a las apariciones públicas, presentaciones, entrevistas:* Lo peor que puede pasarte es que grites, muevas la cabeza o que te tiren huevos podridos. Intenta ser convincente y crear imágenes positivas en tu mente. El miedo se basa solo en miedos ficticios que pueden ser influenciados. Estas son solo algunas cosas que parecen incómodas. Tú mismo creas estos sentimientos en tu cabeza, pero no te hace sentir dolor real o estar en peligro.

Tan pronto como te preguntes qué puede pasarte en el peor de los casos, verás que las imágenes de tu cabeza no se corresponden en absoluto con la realidad. Una vez que has reconocido esto, los miedos pierden su poderoso efecto.

2.) ¡Cambia las imágenes de tu cabeza!

Además de la comprobación de la realidad, puedes cambiar las imágenes de tu cabeza positivamente. La creencia de que no tienes influencia en tus pensamientos es errónea. Si eso es lo que quieres, puedes controlar tus pensamientos.

Imagina un prado de flores de colores. ¡Apuesto a que los ves ahora mismo delante de tu ojo interno! Todo lo que necesitas es darte cuenta de que eres responsable de tus propios pensamientos. Tan pronto como el miedo se instala, deberías percibir conscientemente las imágenes en tu cabeza y mirar de cerca lo que muestran. Si difundes sentimientos de ansiedad, trata de borrarlos. Puedes hacerlo haciendo la foto pequeña o poco clara, rasgándola o pintándola con colores brillantes. Si sigues intentándolo, será fácil para ti.

Intenta reemplazar las imágenes negativas con las positivas. Puedes hacerlo imaginando la imagen aparentemente negativa en los colores más hermosos. A través de tu imaginación, creas una percepción positiva en tus pensamientos y así reemplazas los pensamientos negativos.

Las imágenes mentales son la mejor arma secreta contra el miedo.

3.) ¡Aprende a controlar tus pensamientos!

Cuanto más consciente seas de tus pensamientos, más fácil te será influir en ellos. La meditación es un método muy bueno para una mayor conciencia de los propios pensamientos. Porque con ella puedes salir del carrusel de tu mundo de pensamientos y simplemente dejar ir las emociones negativas. Proporciona paz y más atención. No tienes que meditar durante horas. Unos pocos minutos al día son suficientes. Además de la paz mental y la relajación, la meditación también proporciona una sensación corporal positiva, que también tiene un gran efecto sobre los sentimientos de ansiedad.

Información: *Si estás suelto y relajado, ¡no puedes sentir miedo al mismo tiempo!*

4.) ¡Usa el éxito contra el miedo como un arma secreta!

Un sentido de logro es una buena forma de combatir la ansiedad. Cada vez que hayas superado el miedo, tendrás menos sentimientos negativos la próxima vez. Sentías que nada malo podía pasar y desarrollar una nueva confianza en ti mismo. Hazlo paso a paso antes de enfrentar los grandes temores. Para ayudarte a combatir el miedo, puedes recordar éxitos pasados. Recuerda las situaciones en las que te has enfrentado y supera tu miedo.

No tienen que ser grandes cosas. Incluso los pequeños tienen un gran efecto. La certeza por sí sola te da un buen presentimiento, porque tú mismo luchaste contra el miedo de un cierto evento.

Siempre y siempre recordando tales situaciones, las manifiestas en tu subconsciente: "¡Puedo hacer que suceda lo que sea que suceda! Esto asegurará que no quede nada que temer.

5.) ¡Enfrenta tus miedos juntos!

A veces los miedos se hacen más grandes cuando tienes que enfrentarlos solo. Así que sientes que es mucho peor si tienes que hablar contigo mismo delante de un público o si vas a casa solo en la oscuridad que con otras personas juntas.

Un grupo te da una sensación de seguridad y apoyo. Esto te hará sentir mucho más fuerte.

Encuentra a gente en tu entorno que no tenga miedo de las situaciones o cosas que te asustan. De la misma manera, puedes rodearte de gente que ha superado sus miedos.

Te muestran que puedes enfrentar tus miedos sin que pase nada terrible.

6.) ¡Contraataca tus pensamientos negativos actuando!

Cuanto más piensas en una situación, un evento o algo así, más miedo se acumula. Eso es lógico, porque gastas mucha energía imaginando imágenes negativas en tu cabeza. Sé más rápido que tus pensamientos y entra en el rango de velocidad para evitar conjeturar los peores escenarios en primer lugar.

Eso no significa que corras al borde del peligro. Mantén tu tiempo de reflexión al mínimo y pregúntate si la cosa o la situación es realmente amenazante. ¡Entonces deberías hacerlo!

- Habla con la mujer extremadamente interesante o con el hombre grande que está a tu lado en el bar, con calma y espontáneamente, sin pasar primero por 1.000 variaciones en tu cabeza. No hay nada malo o bueno. ¡Lo único que puede pasar es que te rechacen!
- Sube al escenario en un bar de karaoke y coge el micrófono antes de que surjan pensamientos negativos sobre cómo podría reaccionar el público.

Tomando medidas inmediatas y siendo valiente, expulsa de tu mente los pensamientos negativos y los escenarios de horror.

7.) ¡Deja que el dolor de los sentimientos negativos tenga un efecto en ti!

Por supuesto, los miedos no son sentimientos bonitos. ¿Pero qué alternativa hay para luchar contra ellos? El miedo los tiene firmemente controlados y les impide superarse a sí mismos y abrir nuevos caminos.

Intenta enfrentarte a tu miedo y deja que el dolor se vaya. Puedes hacerlo imaginando tu vida ante tus ojos internos si no te enfrentas a tu miedo y lo combates. Intenta sentir las sensaciones que surgen. Piénsalo,

- lo que te estás perdiendo por tus miedos,
- qué experiencias te perderás
- y las limitaciones de la calidad de vida que la ansiedad trae consigo.

¡Estos no son buenos espectáculos!

Ahora imagina lo feliz y satisfactoria que es tu vida cuando has superado tus miedos. Crea imágenes de cuánto más te divertirás en la vida cuando tus miedos desaparezcan. Sin miedo, finalmente podrás formular nuevos objetivos y alcanzarlos. Tienes el potencial de comenzar finalmente una vida feliz, feliz.

Aprende a entenderte a ti mismo y usa el conocimiento para el desarrollo de tu personalidad

Existen estas famosas y simples declaraciones que te hacen pensar y causan insatisfacción. Una de esas declaraciones es:

"¡Antes de poder cambiar, tengo que conocerme a mí mismo primero!"

¿Pero qué significa conocerse a sí mismo? Si eres honesto ahora, pronto te darás cuenta de que tu forma de pensar y actuar ocasionalmente te da grandes enigmas. Puedes renunciar con confianza a la afirmación de conocerte a ti mismo. Pero a lo largo de tu vida siempre aprenderás algo sobre ti mismo y tendrás la oportunidad de cambiar algo.

Es asombroso que la gente sea capaz de cambiar, aunque piensen que no se conocen y no entiendan sus acciones. Por extraño que parezca ahora, la gente puede cambiar porque piensa en su forma de pensar y actuar y se da cuenta de que adquiere cierta conciencia.

Hay claridad, que profundiza la comprensión de uno mismo. El conocimiento de sí mismo surge, por ejemplo, de otras personas que dan información sobre su propia persona, comportamiento o expresiones.

Lo que quieres decir no es una crítica, sino las observaciones concretas que otras personas hacen cuando tratan contigo. Sin embargo, el efecto en ti mismo sobre otras personas es solo un punto entre muchos. También es importante si la imagen externa y la autoimagen encajan y si puedes transmitir tus propias opiniones correctamente. Para desarrollar la auto-concepción, debes responder a las siguientes preguntas:

- ¿Quién soy yo? ¿Quién quiero ser?
- ¿Qué clase de persona soy?
- ¿Por qué soy así y no diferente?
- ¿Qué puede ser de mí?

Una de las preguntas más difíciles en cuanto a contenido y metodología es "por qué". Esto a menudo refleja los patrones de comunicación que has encontrado en tu vida y que aún conservas. Hay patrones especiales que son de poca utilidad para el auto-descubrimiento. Estas incluyen preguntas como "¿Por qué estás haciendo esto de nuevo?" o "¿Cómo pudiste...?" Tales preguntas te avergüenzan y te afligen.

Volvamos a la pregunta inicial. Si quieres cambiar algo, también puedes cambiar algo sin un objetivo concreto. Tal intento podría resultar en algo mejor. Pero los esfuerzos se hacen más eficaces cuando se comprenden los vínculos concretos. Puedes hacerlo con un análisis de comportamiento. Muchos piensan que esto es muy limitado.

Pero una mirada más cercana revela que las preguntas del "por qué" no son solo superficiales, sino profundas. Al hacerlo, obtendrás una explicación comprensible de algún comportamiento y, al mismo tiempo, información que reforzará ese comportamiento. A veces, otras personas son los amplificadores que reaccionan a tu comportamiento. Es por eso que algunas personas hacen grandes tonterías solo para llamar la atención y aplaudir.

El auto-diseño también significa que llegas al fondo de la cuestión sobre qué mecanismos son responsables de tu comportamiento. Si sucede que los patrones de comportamiento solo se usan para atraer la atención, entonces tienes un tamaño tangible para cambiar el comportamiento.

Si te reconoces como una persona que se orienta hacia los demás y hace cosas que corresponden a tus ideas, debes adquirir perspicacia y aceptar esa orientación. Pregúntate si lo que estás haciendo tiene sentido y si realmente lo quieres.

Entenderse a sí mismo, por lo tanto, no significa más que tratar con las propias inclinaciones y visiones y crear claridad. Con esta claridad, puedes ver las cosas y decidir si cambiar o mantener tu programa de vida. Si decides ser diferente, te acercas mucho más a ti mismo y te vuelves a conocer un poco mejor. ¡Por eso debes eliminar de tu vida las cosas que no quieres y hacer las que quieres!

¡Sigue preguntándote si realmente quieres hacer esto y qué es lo que realmente amas! De esta manera, se sientan las bases para desarrollar una mejor comprensión de ti mismo y desarrollar tu personalidad.

Además del autoconocimiento y un mejor conocimiento de ti mismo, también se necesita un cierto nivel de conocimiento humano para obtener una mejor comprensión y juicio de los demás.

Adquiere el conocimiento de la naturaleza humana y utilízalo para lograr tus propios objetivos

El conocimiento de la naturaleza humana es también un tema interesante en la psicología positiva, porque las personas emocionalmente inteligentes ven el mundo con ojos completamente diferentes, tienen la capacidad de percibir, influir y comprender los sentimientos de los demás. Las personas con inteligencia emocional son verdaderos líderes porque son capaces de controlar sus propias emociones y las de los demás para lograr los objetivos.

En muchos casos, creemos que una mirada es suficiente para poder juzgar a otra persona. Pero para reconocer cómo la otra persona realmente hace tictac, hay que mirar más de cerca. Porque la primera impresión puede ser bastante engañosa. La primera mirada es solo una evaluación espontánea hecha desde el momento presente. Esto muestra solo un pequeño extracto. El solo mirar detrás de la fachada si tiene un buen conocimiento de la naturaleza humana.

Grandes tentaciones y peligros acechan

La gran tentación es mirar a otra persona a los ojos y ser capaz de decir inmediatamente cómo esa persona está haciendo tictac. Es tentador ver a simple vista si el otro está feliz, triste o ansioso y lo que constituye su personalidad. Desafortunadamente, eso simplemente no es posible. Leer rostros es una lección que ya fascinaba a la gente de la antigüedad. Entre los registros más antiguos se encuentran los escritos por Aristóteles, que trató este tema.

De hecho, la suposición lleva a la conclusión de que las cualidades mentales de una persona se deducen rápidamente de su apariencia en una fracción de segundo. El disparo rápido lleva a un error de juicio y muy rápidamente despierta prejuicios. Por eso es necesario el verdadero conocimiento de la naturaleza humana, ¡no solo un conocimiento a medias!

En el pasado, la llamada fisonomía era considerada como arte y conocimiento secreto. Esto fue usado principalmente por los sacerdotes para propósitos ocultos. En épocas posteriores, cuando la Ilustración estaba en la vanguardia, esta rama de la psicología de la expresión adquirió un estatus más alto y fue cada vez más reconocida como enseñanza científica.

Desafortunadamente, los nuevos descubrimientos en fisonomía, que fueron sacados a la luz por la ciencia, tuvieron serias consecuencias. Su compromiso era no ponerse mejor en el lugar de los demás, cultivar un enfoque más sensible y tratar las diferencias con estima. En cambio, se usó en los siglos XIX y XX para sostener el racismo y la eugenesia a nivel científico.

La primera pista para el conocimiento de la naturaleza humana

La forma de la cabeza, la anchura de la boca o la altura de la frente deben indicar cualidades como la fuerza de voluntad y la inteligencia. Esta suposición todavía suscita muchos debates en la psicología social, porque los expertos suponen que no se puede derivar de ella una mejor comprensión para otras personas. Numerosos estudios también llegan a conclusiones diferentes.

Sin embargo, hay un punto en el que los expertos están de acuerdo: el primer juicio que se hace sobre otra persona es superficial. Sin embargo, se puede usar para esbozar la personalidad de la otra persona. Este primer juicio que se hace sobre otra persona puede ser un mecanismo de protección derivado de la evolución.

Antes de que dejes que alguien más se acerque a ti, trata de asegurarte. Lo miras más de cerca y decides intuitivamente, en base a la primera impresión, si la persona tiene buenas intenciones para ti o debe ser vista como un enemigo. Esta evaluación inicial puede tener sentido, pero es solo una primera pista basada en tus propios sentimientos y evaluación.

Las emociones se leen en las caras de los demás

Para evaluar mejor a otras personas, el psicólogo estadounidense Paul Ekman desarrolló un método llamado Sistema de Codificación de Acción Facial (FACS). Se remonta a 1978. Puedes reconocer siete emociones básicas por los movimientos musculares de la cara. Según el psicólogo, están presentes en todos los seres humanos. Estos incluyen el miedo, la ira, la sorpresa, el asco, la tristeza, la alegría y el desprecio.

Hoy en día, muchos programas de ordenador para el reconocimiento de emociones se basan en el método FACS. Sin embargo, el método es bastante controvertido porque no tiene en cuenta el hecho de que las expresiones faciales pueden ser controladas. Por eso los críticos asumen que no hay posibilidad de hacer una evaluación correcta.

Ten en cuenta tu propia influencia

Si desea evaluar correctamente a otra persona, debes tener en cuenta que esto no funciona a primera vista porque no es capaz de ver a la otra persona de forma neutral. Tu evaluación se basa en lo que ves y en ti mismo o en tu estado de ánimo, experiencias y antecedentes culturales.

La gente pone a otra persona en un determinado cajón prematuramente, aunque todavía no tienen mucha información para justificar esta clasificación. Recuerda siempre que el exterior no revela ninguna visión de los valores internos. Para reconocerlos, hay que mirar más de cerca y hacer preguntas. ¿Cómo trata a los demás? ¿Cuáles son tus ideales? ¿Qué es importante para él?

Proceda con cautela

Especialmente cuando se trata de cosas que parecen importantes para ti, debes ser cuidadoso y no hacer una evaluación o juicio apresurado. Incluso si crees que tienes un buen conocimiento de la naturaleza humana, puedes estar completamente equivocado en tu evaluación. No influye en la primera impresión espontánea. Pero puedes usar tu primera impresión para mirar más de cerca y posiblemente revisar tu primera opinión.

Es un trato justo. Incluso podría ser una gran victoria para ti. A segunda vista, la gente que has condenado apresuradamente puede convertirse en gente maravillosa y valiosa.

5 Consejos para mejorar el juicio

1. Mantente abierto y alerta y recuerda siempre que nunca miras a los demás objetivamente. Su enfoque se basa en su propia experiencia.

2. Las apariencias externas no son una indicación de la personalidad de una persona. Atractivo tampoco significa que esta persona sea inteligente, gordo no significa que sea gracioso. Estos son solo clichés en los que a la gente le gusta clasificar rápidamente a otras personas.

3. Cuestiona tus propios prejuicios. Porque inconscientemente juzgas a las personas o grupos de edad sin haber reflexionado sobre ellos, porque tu forma de pensar está marcada por los prejuicios.

4. Entrenamiento de empatía. Antes de hacer una evaluación negativa de otra persona, deberías tratar de ponerte en su lugar. ¿Por qué reacciona así esta persona? ¿Qué hay detrás de todo esto? ¿Cuál es la razón de su acción?

5. Escucha también los matices de la conversación. Cuentan mucho sobre la otra persona. Por lo tanto, debes escuchar atentamente y reconocer cómo la otra persona dice algo. Esto te dirá mucho sobre el personaje.

Manipulación: influencia oculta en el pensamiento y la actuación

¿Conoces la situación en la que de repente expresas opiniones, opinas y ciertas formas de pensar que a veces no se corresponden en absoluto con tu forma normal de pensar y actuar y son contrarias a tu naturaleza? Así que conociste a alguien que es un maestro de la manipulación.

Te encuentras con gente manipuladora en todas partes y ni siquiera te das cuenta de que los pensamientos y opiniones están implantados en tu cabeza. Te has convertido en una marioneta de tu pareja, amigos, compañeros de trabajo o un orador que influye en tu forma de pensar y actuar con gran persuasión.

La manipulación está compuesta por los términos latinos "manus" (mano) y "plere" (rellenar) y tiene el significado en el sentido de "manipulación". El significado análogo se sigue usando hoy en día. En sociología, política y psicología, la manipulación se entiende como una influencia oculta.

Quienes manipulan a los demás utilizan un enfoque sofisticado y disfrazan los verdaderos motivos, que a menudo sirven a sus propios intereses, con el fin de obtener una ventaja y lograr un determinado objetivo. El comportamiento manipulador no tiene por qué ir necesariamente acompañado de un colapso. Sin embargo, si la expresión es extrema, puede haber un trastorno de personalidad antisocial, como el narcisismo. Si se utiliza a otras personas como instrumentos para utilizar un comportamiento manipulador y fraudulento en beneficio propio, la demostración forma parte del cuadro de los trastornos psicopáticos.

Influir es el sinónimo a menudo utilizado para la manipulación. Sin embargo, falta el factor de explotación del objetivo. La política, por ejemplo, utiliza la influencia para influir en la forma de ver y actuar de la población y para difundir ideas ideológicas. La influencia política también se llama propaganda. Si volvemos a la historia más reciente, encontraremos un ejemplo aterrador en la propaganda nazi.

La influencia emocional de otras personas en beneficio propio no corresponde en absoluto a las ideas básicas que cada persona representa para sí misma. Todos quieren tomar decisiones independientes y libres, basadas en su propia pasión y razón. No deben ser el resultado de la manipulación.

9 Manejo de señales

Hay una serie de factores que puedes utilizar para determinar si tu contraparte está tratando de manipular. La manipulación psicológica está representada en los siguientes comportamientos, entre otros. No se te responde y la persona con la que hablas logra el sarcasmo. Empiezas a oír que es imposible hablarte o te hablan como si fueras un niño. El que llama le dará un ultimátum.

La comunicación y el lenguaje esconden muchos tipos de manipulación psicológica. A través de su uso, la gente se embarca en el camino del abuso emocional y la explotación mental. Hay personas que dominan el abuso del lenguaje perfectamente y son capaces de controlar, dirigir y guiar a la gente. Esto también lo demostró el neofascista Licio Gelli en la historia de Italia, que se especializó en la manipulación de grandes multitudes de personas. Así que solo necesitas tener el conocimiento sobre cómo comunicarte correctamente para tener control sobre otras personas.

Cita: *"Los pensamientos estropean lo que se dice y lo que se dice puede estropear las relaciones humanas".*
George Orwell

Todo el mundo conoce muy bien estas situaciones cotidianas. Porque están expuestos a una constante manipulación en muchas áreas, ya sea en la política, en los medios de comunicación o a través de grandes promesas publicitarias. El objetivo es influir en tu decisión, seducirte y ganar el control. La manipulación, que se produce en la esfera privada, es considerablemente más versátil y está llena de secretos. En la conversación con tu pareja, amigos y otros miembros de la familia, ella tiene un camuflaje perfecto y maduro, por lo que la trampa se cierra rápidamente o la usas tu mismo.

Por lo tanto, es importante que mires con atención lo que dices y trates con cuidado las declaraciones manipuladoras. Por eso presta mucha atención a tu elección de frases. En general, debes tener los conocimientos necesarios para detectar y responder a la influencia psicológica.

Características de la influencia psicológica

Si se produce una manipulación psicológica verbal, se produce un desequilibrio en la relación entre tu interlocutor y tu mismo. La otra persona quiere obtener una ventaja personal del idioma, controlarlo o incluso dañarlo. Los sentimientos resultantes no solo crean agresiones ocultas en la otra persona, sino también en sí mismos, con todos los signos definidos para el ataque. Las palabras tienen el gran poder de penetrar en todo y no se detienen en la identidad, la autoestima o la dignidad de la otra persona. Para que puedas reconocer la manipulación psicológica, ahora aprenderás a descubrirla.

1. ¡Los hechos están distorsionados!
Las personas manipuladoras que dominan perfectamente la influencia psicológica son estrategas únicos y dominan perfectamente la distorsión de la verdad a su favor. Esto hace que la culpa principal recaiga sobre los hombros del interlocutor y reduce su parte de responsabilidad. Los hechos importantes ni siquiera se ponen sobre la mesa o son demasiado exagerados. La adaptación se produce en un grado tan alto que corresponde exactamente a la propia visión de la verdad.

2. ¡No puedes hablar con ellos, no puedes!

Detrás de esta afirmación no solo está la
franqueza, sino también la eficacia, ya que
el entrevistador se niega a hablar de un
problema. Se le acusa de ser muy emocional
y de hacer mucho con un poco de algo.
Tales declaraciones lo culpan, aunque el
interlocutor es el culpable. Esto es una
prueba de la falta de habilidades de
comunicación.

3. Acoso a nivel intelectual

A los manipuladores también les gusta usar
estrategias de comunicación que se mueven
a nivel intelectual. Continuamente eres
bombardeado con diversas informaciones,
argumentos, lógica distorsionada y hechos
que tienen un solo objetivo: dejarte en un
nivel emocional hasta que te convenzas de
que tu interlocutor tiene razón.

4. Definir un ultimátum con una ventana de tiempo estrecha

declaraciones como "¡Tienes hasta mañana para
pensarlo!" y

"¡Si no quieres aceptar lo que se dijo así, este es el
final!" Estoy seguro de que te lo han dicho.
Esos comentarios son incriminatorios y
dolorosos. Rápidamente te ves atrapado en
un dilema que trae consigo sufrimiento

emocional y miedo. Recuerda siempre que una persona que te quiere de verdad y es respetuosa nunca espera que tomes una decisión sobre todo o nada. Las personas que intentan manipularte de esta manera no pertenecen a tu entorno inmediato, porque solo te están haciendo daño.

5. ¡Repite el nombre de la persona con la que estás hablando todo el tiempo!

La repetición constante, continua y exagerada de su nombre en la conversación es un signo de un hábil mecanismo de control. Eso es para asegurarse de que escuchas con atención y te dejas intimidar mejor.

6. ¡Humillación con humor negro e ironía!

Tu compañero de conversación se burla de ti dándole a la conversación humor negro y comentarios irónicos. Este tipo de manipulación psicológica se utiliza para minimizarte, dañarte y desechar tu superioridad.

En otras palabras, el agresor te informa que tu no eres como él y que no debes tener tu propia opinión.

7. ¡Fingiendo ignorancia!

Un clásico de la falsa ignorancia es la frase: "Ni siquiera sé de qué se trata". Tu entrevistador actúa como un estúpido y finge no tener idea de lo que es y lo que quiere lograr con la conversación. ¡Cuidado con el escalón! Esto es jugar con tu mente. Te enfrentas a la acusación de que solo complicas las cosas y que una conversación es completamente inútil. Esta estrategia es a menudo utilizada por los agresores para hacerte sufrir y no asumir la responsabilidad.

8. ¡Tu llamador te deja el derecho de paso en la disputa!

Aunque esta manipulación psicológica es sutil, la estrategia tiene un efecto particularmente grande. Porque el compañero de conversación obtiene dos cosas de esta. Al principio, ganó tiempo suficiente para reaccionar a sus declaraciones y argumentos y, al mismo tiempo, puede identificar las debilidades para lograr este resultado. A veces, sin embargo, el manipulador también se abstiene de expresar sus propias opiniones y pensamientos.

Simplemente hace preguntas y busca fallos en lugar de encontrar una solución común de forma constructiva. Manipulando de esta manera, el interlocutor puede hacerte sentir como una persona débil y torpe.

La manipulación psicológica y emocional tiene muchas otras facetas inesperadas. Sin embargo, los métodos enumerados están entre los más comunes que encontrarás una y otra vez. Se utilizan para intimidar y por lo tanto impiden un intercambio significativo en la conversación. Las estrategias lo dejan fuera de acción a nivel mental, personal y emocional. Por lo tanto, es de inmensa importancia que se reconozcan y se resistan las estrategias de manipulación.

Las posibilidades de defensa contra la manipulación oculta

Dudosa recopilación de información

Si tu entrevistador trata de escucharte y la conversación es como una entrevista, la comunicación tiene como objetivo recoger información. Al principio puede parecer que esta persona quiere saber más sobre ti, en ocasiones esto también es bueno, suponiendo que esto sea sin el motivo ulterior de usar la información para manipularte. Para que la manipulación tenga éxito, sus vulnerabilidades deben ser conocidas. El manipulador nunca revelará sus propias debilidades y solo te mostrará sus fortalezas. Ten cuidado con lo que dices. El atacante explotará tus debilidades. No le importa si te hace daño o no.

Posibilidad de defensa: Evitar la comunicación unilateral y mostrar al demandado que también tienes derecho a saber algo de él. Una conversación exitosa no es un juego interrogativo, sino una comunicación basada en la reciprocidad. Solo di lo que quieras revelar sobre ti mismo. Resistir los poderes de persuasión que te obligan a arrinconar y te tientan a revelar más información. Pregunta al entrevistador y responde a sus preguntas con preguntas de respuesta. Así, el controlador se da cuenta rápidamente de que no puede intimidarte y tú desarmas la situación.

Falsas verdades

Las personas manipuladoras a menudo cuentan historias que nunca han sucedido antes y tratan de darte información que simplemente está equivocada. Desafortunadamente, esto no se reconoce inmediatamente. Los manipuladores dan crédito al Barón mentiroso de Münchhausen y no tienen ni siquiera una conciencia culpable. Para desenmascarar a tal persona, hay que mirar cuidadosamente el propósito de la información y los hechos. Un mentiroso también se expone a veces porque responde, justifica y explica preguntas sin importancia de manera disipada. Cuando surgen situaciones que denuncian al mentiroso y cuestionan su honestidad, hay una justificación excesiva de su parte, para que no se muestre bajo una luz equivocada.

Defensa: Si crees que tienes un personaje manipulador delante de ti, puedes exponerlo muy rápidamente. Si una declaración te parece dudosa, aprovecha la oportunidad y haz preguntas. Si el entrevistador se pone nervioso y evita tus preguntas, casi se puede asumir que la historia no es cierta. La persecución y el interrogatorio dirigidos sacan al personaje manipulador de la línea de fuego.

Encanto exagerado

Una de las mayores armas de manipulación es el encanto. Si te encuentras con una persona que te ha colmado de cumplidos encantadores, casi puedes estar seguro de que la persona con la que estás hablando es un manipulador. Mira más de cerca para ver si hay algo más detrás del encanto o si esta persona es encantadora por naturaleza.

El egoísmo se esconde detrás del encanto cuando

- recibas cumplidos sin motivo o razón,
- la persona solo está ahí para ti en situaciones en las que disfruta de los beneficios,
- quiera ganar una ventaja a través del gesto,
- el encanto solo se utiliza en ciertas situaciones, y
- poco o nada de encanto se usa en otras situaciones.

Si estos puntos se aplican a tu compañero de conversación, solo tiene motivos egoístas, que quiere imponer con un comportamiento encantador.

Defensa: *No te dejes cegar por el comportamiento encantador de tu interlocutor, pero observa su comportamiento cuidadosamente y pregunta por qué es tan encantador en este momento. El encanto no debe confundirse con las condiciones o requisitos. Si el entrevistador te encuentra encantadora, no tienes que ver ninguna obligación hacia él.*

Puedes decir "no" cuando llegue a la vuelta de la esquina con un favor o pedirlo después de una ofensiva encantadora. Evita que tu buena naturaleza sea explotada y que el manipulador reciba todo de ti por su encanto.

Echa un vistazo más de cerca a los patrones de papel

Las personas que quieren explotarte a menudo aparecen como mártires. Se presentan como personas bondadosas y abnegadas que ayudan a la gente. Tales personas parecen agradables y reciben toda la simpatía. La usan para abrir todas las puertas para manipularte. El agresor reconoció rápidamente dónde se encuentran tus debilidades y las utiliza para el chantaje emocional. Se dio cuenta de lo que puede hacer para herirte y criticarte. De esta manera, crea en ti un sentimiento de inferioridad, del que a menudo surge una obligación emocional. Haces todo lo que puedes para complacer a esta persona.

Una frágil base de confianza también puede ser un signo de que su interlocutor quiere manipularte. Otro indicio de manipulación es cuando el entrevistador confía un secreto y luego espera algo a cambio. Escucha atentamente si el secreto que se te ha confiado se utiliza solo para obtener información importante de ti. Esto está garantizado que pueda ser usado en una fecha posterior en tu contra. Si no haces tu parte, serás inmediatamente ignorado y castigado con una falta de respeto.

Defensa: Si sientes que tu entrevistador quiere empujarte a un cierto papel en el que siente compasión y al mismo tiempo te pide un favor, todas las alarmas deben sonar inmediatamente y por favor apágalas. Un favor se hace a otru persona por razones desinteresadas y no porque tenga una conciencia culpable. Adopta una postura cuando te des cuenta de que todo lo que quiere hacer es descubrir secretos, guardar su opinión y no confiar ciegamente o prematuramente.

¿Eres libre de tomar tus propias decisiones?

Los manipuladores son capaces de influir significativamente en tus opiniones y decisiones. Para reconocer si estás siendo manipulado, deberías mirar más de cerca tu libertad de elección.

- ¿La decisión la tomaste por iniciativa propia?
- ¿Influyen en tu decisión influencias y presiones externas?
- ¿Tu formación de opinión se produce bajo la influencia de una persona determinada?
- ¿Tienes la sensación de que podrías decepcionar a alguien con tu decisión?
- ¿Hay que esperar consecuencias si no estás de acuerdo?

Si la respuesta a las preguntas es "Sí", sabes que hay una manipulación de tu propia libertad de decisión y que tus propias necesidades y sentimientos ya no están en primer plano. Tus sentimientos y necesidades no son relevantes para el manipulador, porque solo persigue sus propios objetivos. Que te dejen al margen es solo un medio para un fin.

Posibilidad de defensa: Evitar que otra persona tome decisiones sobre tu cabeza. Si crees que tu decisión es buena y correcta, confía en tu juicio y no te dejes limitar. Cuentas con un sano y claro sentido común. Solo porque la otra persona piense que tiene razón no significa que tu opinión esté equivocada. Analiza su decisión y considera por qué fue así. No te dejes convencer de cambiar de opinión si apoyas tu opinión con convicción.

¿Se le trata con respeto?

Si se trata con respeto, no habrá compulsión o presión. Las personas manipuladoras tienden a hacer amenazas con el fin de allanar el camino para sí mismos e influir en los demás emocionalmente. Medios como las promesas de amor o la retirada del amor se usan para hacerte complaciente. Te sentirás responsable del respeto con el que se te trata y del afecto que recibes. El manipulador te enseña que debes esperar consecuencias si no cumples tus expectativas. Usa frases de "si", expresa su decepción a través de sutiles castigos, y toma una actitud distante hacia ti. No se tienen en cuenta tus sentimientos y necesidades, ya que solo las necesidades del manipulador están en primer plano.

Posibilidad de defensa: Evitar ser emocionalmente dependiente en una relación. Lo importante es que las personas se miren a los ojos y no intenten influenciarse o doblegarse mediante amenazas o castigos. Si no te tienen respeto, deja que la objetividad y la prudencia prevalezcan y permanece fiel a ti mismo.

¿Se hacen comparaciones entre otras personas y tú?

Hacer comparaciones es también un método que a los manipuladores les gusta usar para empujarte en una dirección específica. Cuando escuchas la frase: "Si lo hubieras hecho de la forma en que XY lo dijo, habría sido muy diferente", es una indicación de que el orador quiere influenciarte. Está tratando de retratar su camino como cuestionable y ponerlo en una mala luz. A través de la yuxtaposición, el sentimiento de insuficiencia debe surgir en ti para provocar un cambio de comportamiento.

Defensa: Muestra los límites y explica que no es justo el hecho de hacer comparaciones entre tú y otra persona. Dile al encargado que te está lastimando y faltándote el respeto. Deja bien claro que tu eres una personalidad individual y por lo tanto no quieres ser confundido con otros.

sentimientos de culpa

La manipulación es el arte de evocar sentimientos como el compromiso emocional y la culpa en otras personas. Por eso debes prestar mucha atención a tu propio mundo emocional. Las siguientes preguntas te ayudarán a reconocer la manipulación:

- ¿Se producen situaciones una y otra vez en las que sientes que tienes que disculparte?
- ¿Solo te sientes culpable cuando tu interlocutor te convence de ello?
- ¿Tu compañero de conversación nunca admite sus propios errores?
- ¿Siempre tienes que encontrar la culpa y convertirte en el chivo expiatorio?
- ¿Una pequeña mala conducta se convierte en un gran drama?

Si respondes a todas estas preguntas con un "Sí", probablemente serás manipulado. A través de los sentimientos de culpa y la conciencia culpable, surge una obligación emocional con la que se quiere re-equilibrar la situación. Una persona manipuladora utiliza sus errores y debilidades a su favor y así logra que tú creas que estás en deuda. A los agresores les resulta muy difícil asumir la responsabilidad y admitir los errores.

El reparto de la culpa conduce a una división del poder, de modo que la persona que manipula asume el papel de víctima.

Esto resulta en una gran cantidad de poder. Tú mismo estás atormentado por tu conciencia culpable y por lo tanto estás dispuesto a hacer todo lo que esté en tu poder para corregir la supuesta mala conducta.

*Defensa: **Desarrolla** una sensibilidad especial a tus propias emociones e insiste en que tú también puedes ser herido y decepcionado y quieras comunicar esto abiertamente. Evita que tu interlocutor te culpe por el papel de autor y todo eso. Tienes la opción de llevar a cabo la llamada. Con las preguntas adecuadas, se puede invertir la relación de las funciones.*

- *¿Crees que es correcto que siempre seas una víctima?*
- *¿Te has preguntado alguna vez cómo me hace sentir esto?*
- *¿Qué propósito hay en que siempre me presente como culpable?*
- *¿Crees que está bien crear siempre esta imagen particular de mí?*

La manipulación solo funciona mientras se le dé la oportunidad a la otra persona. Desarrolla la sensibilidad hacia las personas de tu entorno y echa un vistazo a sus motivaciones.

La acción es altruista o se esconde detrás de la manipulación. Si crees que te están manipulando, el ataque es la mejor defensa. Expresa tu opinión de forma inequívoca y autónoma. No hay nadie que tenga derecho a utilizarte en su propio beneficio.

La psicología positiva y los primeros pasos preliminares para finalmente disfrutar de la libertad emocional

Cada persona lleva su propio paquete con él, que no siempre ha sido atado. Es, en parte, el legado de la educación, las normas sociales, la afiliación religiosa y las actitudes erróneas que constituyen muros aparentemente insuperables.

Estos pensamientos básicos manifestados cortan tu forma de pensar y las posibilidades de desarrollar tu propia personalidad. Falta de confianza en ti mismo. Hay miedos y bloqueos porque no crees que seas capaz de nada. Investiga la causa raíz y averigua las razones que la limitan. Refleja tu persona y el entorno directo. Siempre habrá nuevos obstáculos. Cada vez que te levantas de nuevo, te acercas un poco más a la libertad personal.

Max Krone

Volumen 1 (Psicología Positiva)

<u>Volumen 2: Manipulación y lenguaje corporal</u>
<u>Volumen 3: Psicología para principiantes</u>
<u>Volumen 4: PNL,</u>

Y otros libros de **Max Krone** están ahora disponibles en Amazon.
Solo tienes que introducir a **Max Krone en** la barra de búsqueda de Amazon.

***** <u>*Hola querido lector Si le gustó el libro, apoye al autor dejando su comentario o critica.*</u>

Exención de responsabilidad

El contenido de este libro ha sido preparado y verificado muy cuidadosamente.
Sin embargo, para la exactitud, la integridad y la puntualidad de la escritura,
la garantía no puede ser garantizada.

Así como no por el éxito o el fracaso en la aplicación de la lectura.
El contenido del libro refleja la opinión y la experiencia personal del autor.
El contenido debe interpretarse de manera que sirva para fines de entretenimiento.
No debe ser confundido con la ayuda médica.

No se asume la responsabilidad legal o la responsabilidad por la ejecución contraproducente o la interpretación incorrecta del texto y el contenido.

Imprimir
Autor: Max Krone
representado por:
MAK DIRECT LLC
2880W OAKLAND PARK BLVD, SUITE 225C
OAK PARK, FL 33311
FLORIDA

Leyes de derechos de autor